献给梅格、蒙蒂以及韦林顿。

翅膀

鸟类、飞机、独角兽和其他会飞的一切

[英]特蕾西·特纳 著　[爱尔兰]法蒂·伯克 绘　袁枫 译

四川美术出版社

图书在版编目（CIP）数据

翅膀 /（英）特蕾西·特纳著；（爱尔兰）法蒂·伯
克绘；袁枫译 . -- 成都：四川美术出版社，2024.3
书名原文：Wings: Birds, Bees, Biplanes, and
Other Things With Wings
ISBN 978-7-5740-1007-9

Ⅰ . ①翅… Ⅱ . ①特… ②法… ③袁… Ⅲ . ①动物—
儿童读物 Ⅳ . ① Q95-49

中国国家版本馆 CIP 数据核字 (2024) 第 039896 号

著作权合同登记号　图进字 21-2023-252

翅膀
CHIBANG

[英]特蕾西·特纳 著　[爱尔兰]法蒂·伯克 绘　袁枫 译

选题策划	北京浪花朵朵文化传播有限公司	出版统筹	吴兴元	版　次 2024 年 3 月第 1 版
编辑统筹	彭 鹏	责任编辑	张慧敏　丹增央吉	印　次 2024 年 3 月第 1 次印刷
特约编辑	胡晓雪	责任校对	陈 玲	书　号 978-7-5740-1007-9
责任印制	黎 伟	营销推广	ONEBOOK	定　价 58.00 元
装帧制造	墨白空间·杨阳			
出版发行	四川美术出版社			

（成都市锦江区三色路 238 号　邮编：610023）

开　本　889 毫米 ×1092 毫米　1/16
印　张　3.25
字　数　65 千
图　幅　52 幅
印　刷　天津裕同印刷有限公司

读者服务：reader@hinabook.com 188-1142-1266
投稿服务：onebook@hinabook.com 133-6631-2326
直销服务：buy@hinabook.com 133-6657-3072
网上订购：https://hinabook.tmall.com/（天猫官方直营店）

后浪出版咨询（北京）有限责任公司 版权所有，侵权必究
投诉信箱：editor@hinabook.com　fawu@hinabook.com
未经书面许可，不得以任何方式转载、复制、翻印本书部分或全部内容
本书若有印装质量问题，请与本公司联系调换，电话 010-64072833

谁说需要翅膀
才能飞？

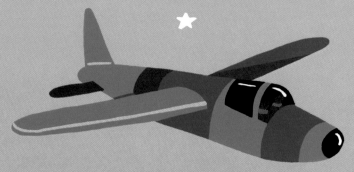

目 录

我是飞得最快的鸟儿——
你抓不到我！

引 言

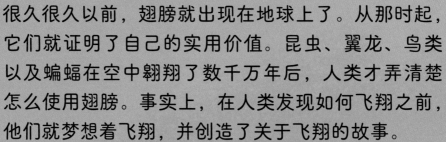

很久很久以前，翅膀就出现在地球上了。从那时起，它们就证明了自己的实用价值。昆虫、翼龙、鸟类以及蝙蝠在空中翱翔了数千万年后，人类才弄清楚怎么使用翅膀。事实上，在人类发现如何飞翔之前，他们就梦想着飞翔，并创造了关于飞翔的故事。

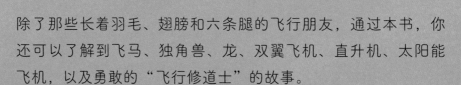

除了那些长着羽毛、翅膀和六条腿的飞行朋友，通过本书，你还可以了解到飞马、独角兽、龙、双翼飞机、直升机、太阳能飞机，以及勇敢的"飞行修道士"的故事。

如果你想要来一场令人神往的飞行，那么，不妨爬进超声速飞机的驾驶舱，或者穿上滑翔衣攀到山巅。是时候来探索翅膀的奇妙之处了。

驾驶莱特兄弟的双翼飞机。

探索世界上最令人惊奇、最与众不同的翅膀！

哪种会飞的爬行动物跟长颈鹿差不多大？找一找。

翅膀怎么起作用？

鸟类和蝙蝠利用强健的肌肉来扇动翅膀，推动它们在空中行进。当这些动物高速移动时，翅膀上下流动的空气会产生一种向上的力，称为升力。

升力可以将动物推向空中，并且保证它们不会掉下来。飞机机翼的工作原理也一样，只不过推动飞机在空中行进的是螺旋桨发动机或喷气发动机，而不是肌肉。

会飞的昆虫

数亿年前，昆虫已经出现，它们是最早在地球上飞翔的生物。

如今，昆虫的数量比世界上其他任何一种生物的数量都要多——已知的昆虫种类有 100 多万种，至于数量，科学家们认为，昆虫与人类的比例大约为 10 亿比 1。

柔软的后翅是用来飞行的。

甲虫的前翅质地坚硬，能够保护后翅。

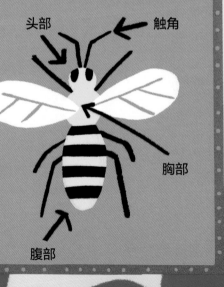

昆虫的翅膀

昆虫这种动物拥有两个触角、六条腿，它们的身体由三部分（头部、胸部和腹部）组成。并不是所有的昆虫都会飞。大多数会飞的昆虫都有两对翅膀，但有些昆虫，比如苍蝇，只有一对翅膀。苍蝇虽然没有第二对翅膀，但它们身体两侧有两根平衡棒，可以帮助它们飞得更稳。

头部　触角

胸部

腹部

后翅闭合时，会像精巧的折纸模型那样折叠起来。

我是一只甲虫。我有两对翅膀，当我飞行的时候，你可以看到它们。

昆虫的飞行速度各不相同。飞得最快的是蜻蜓，它们的飞行速度可以达到每小时 50 千米以上。苍蝇的速度稍慢一些，但它们是空中"杂技演员"——它们能在空中盘旋，向后或者侧向飞行，就像直升机一样。

蜻蜓

很多昆虫飞行时都会发出"嗡嗡"的声音，因为它们拍打翅膀会让周围的空气发生振动。

我一秒钟能拍打翅膀 200 次。嗡嗡嗡——

那不算什么！像我这样的蚊子每秒能拍打翅膀近 1000 次呢！嗡嗡嗡——

蚊子

蜜蜂

蝴　蝶

这些华丽的生物拥有世界上最漂亮的翅膀。最大的蝴蝶——或许也是所有蝴蝶中最华丽的——是亚历山大鸟翼凤蝶。

雄性亚历山大鸟翼凤蝶虽然没有雌性大，但它们却拥有亮黄色的腹部以及电光蓝和海蓝色的翅膀。雌性亚历山大鸟翼凤蝶的翼展能够达到28厘米，但相比之下，它们的颜色有点单调。

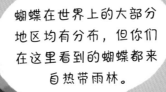

蝴蝶在世界上的大部分地区均有分布，但你们在这里看到的蝴蝶都来自热带雨林。

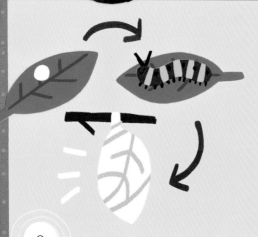

蝴蝶的"魔法"

蝴蝶用一种黏性物质将它们的卵附着在叶子上。每颗卵都会孵化成一条毛毛虫，毛毛虫不断长大，然后变成蛹，包裹在蛹外面的硬壳叫作蛹壳。蛹在蛹壳内不断变化，长出翅膀，然后以成年蝴蝶的形态破壳而出，这可以说是自然界令人叹为观止的"魔法"之一。

图中这只雄性亚历山大鸟翼凤蝶的翼展约为 18 厘米——在现实生活中，它们也能达到这个尺寸。

不幸的是，亚历山大鸟翼凤蝶已经成为濒危物种。它们只生活在巴布亚新几内亚的雨林中，而且它们是非常谨慎的动物。它们喜欢把卵产在一种名叫马兜铃的植物上，马兜铃的嫩叶也是其幼虫唯一的食物。蝴蝶幼虫吃了这种植物后，体味会变得很糟糕，所以天敌们都不愿意再吃它们；成年蝴蝶则吸食这种植物的花蜜。

蝴蝶用触角来辨别气味，用脚来品尝味道。它们的嘴像一根长长的、盘卷起来的吸管，展开后可以吸食植物的花蜜或汁液。

会飞的爬行动物——翼龙

翼龙种类繁多，有些仅有麻雀那么大。它们在史前森林中穿梭，以捕食昆虫为生。古魔翼龙长着锋利的牙齿，能够捕捉并叼住鱼，其上下颌前端分别有一个冠状突起。

早在恐龙时代，翼龙就已经在天空中翱翔，比鸟类和蝙蝠早了数千万年。翼龙是生命史上最大的飞行动物。

我只有80厘米高，但我的双翅展开后能达到5米宽！

作为一种会飞的爬行动物，翼龙在地球上生存了很长一段时间。它们最早出现于大约 2.25 亿年前，并在大约 6600 万年前灭绝，跟恐龙消失的时间大致相当。

风神翼龙

古魔翼龙

翼龙的意思是
"有翅膀的蜥蜴"。

早期的翼龙跟我一样，有条长尾巴用来保持平衡。

随着时间的推移，翼龙的体形越来越大。其中最大的一种是风神翼龙，它的名字源于阿兹特克神话中一位长着羽毛的蛇神。风神翼龙跟长颈鹿差不多高，其翼展超过 10 米——是目前已知的最大的飞行动物。虽然它体形庞大，但因为骨头是中空的，所以体重相对较轻。

双型齿翼龙

翼龙的翅膀

翼龙的第一、二、三指较为短小，第四指却很长，起到支撑翅膀的作用。翼龙的翅膀由膜状物构成，与它的后腿相连接。科学家们认为，翼龙起初保持站立姿势，然后纵身一跃，飞向天空。

较长的第四指 4   3   2   1

最早的鸟类

鸟类起初并不会飞，但它们学会飞之后，逐渐变得非常擅长飞翔。它们拍打着翅膀，已经在天空中翱翔了数千万年。

如今生存的所有鸟类可能都是一种肉食恐龙的后代，这种特殊的恐龙长着羽毛。始祖鸟长相滑稽，介于恐龙和鸟类之间。它们生活在侏罗纪晚期，大约 1.5 亿年前。

你说谁长相滑稽？

始祖鸟并不算大，其化石的大小介于喜鹊和鸡之间。始祖鸟的嘴里长有牙齿，它没有现代鸟类那样的角质喙。它的双臂以及长长的骨质尾巴上也长满了羽毛。虽然没有确切的证据，但它很可能只能像现代的鸡一样扑棱着翅膀飞一小段距离。

在始祖鸟出现很长一段时间后，大约 7000 万年前的白垩纪晚期，与现代鸟类更相似的鸟类才开始飞翔。跟始祖鸟相比，它们的骨骼更轻、更薄，羽毛也更长。它们的上肢进化成翅膀，而且远远长于它们的腿。它们的尾巴也覆盖着羽毛，但却变得比较短。

我是鱼鸟，来自白垩纪，我有牙齿，是一种以鱼为食的海鸟。

我们凯鲁库企鹅比帝企鹅还要高。

不会飞的鸟类也由来已久。凯鲁库企鹅生活在大约 2700 万年前，跟现在的企鹅一样，它们竖直站立，走起路来摇摇晃晃，但它们并不像今天的企鹅那样善于游泳。

数量众多的鸟类

如今，地球上有成千上万种不同的鸟类。它们都有羽毛，但翅膀的形状却千差万别，以适应它们各自的飞行方式。

小型林地鸟类在树丛间穿梭飞行，需要突然转向，急速停下并迅速起飞。它们的翅膀粗短宽厚，其形状最适合这种对技术要求较高的飞行。

三种羽毛

鸟类的翼羽又长又硬，有助于它们飞行；尾羽的作用则是在空中控制方向。翼羽较尖，尾羽的顶端稍圆一些。鸟类还有短小却蓬松的体羽，以帮助它们保暖。

圆头的尾羽

毛茸茸的体羽

尖头的翼羽

我只要猛地冲过去，就能抓住那只甲虫……

我飞得的确很高，但凭借我的鹰眼，仍然能够发现猎物。

老鹰和其他猛禽需要翱翔到距离地面很远的高空。为了帮助它们做到这一点，它们的翅膀又长又宽，位于尖端的羽毛还能像手指一样分开。

长途旅行的鸟类需要能够快速飞行的翅膀。燕子就拥有这种高速型翅膀——它们很长，而且略微弯曲。

要捉住虫子，我必须**飞得超快**。

燕子

海鸟，比如海鸥，翅膀又长又窄，有助于它们滑翔。它们展开双翼，就可以毫不费力地乘风而行。

蝙 蝠

这种毛茸茸的动物，长着皮质的翅膀，它们是世界上唯一会飞的哺乳动物，也是最令人惊异的动物之一。

世界上有 **1400** 多种蝙蝠……

世界上大多数的蝙蝠都在夜间飞行时捕食昆虫。白天，它们则会栖息在阴暗偏僻的地方，比如山洞里或者桥下。这样它们能够避开白天出没的天敌，在夜晚充分享用美味的昆虫。

……约占全世界哺乳动物种类的 1/5。

在这上千种蝙蝠当中，有一些非常稀有。白蝠就像白色的小绒毛球，配上了黄色的耳朵和鼻子。它们啃食热带雨林中的树叶，并将叶片折叠起来做成帐篷，白天就在里面休息。

蝙蝠的翅膀

蝙蝠的翅膀就像人类的手臂和手，只不过在它们的骨骼之间覆盖着一层皮膜。蝙蝠的第一指类似于人类的拇指，从它们的翅膀上向外伸出，因此，蝙蝠能够爬行和攀缘。

我超爱吃**水果**！

许多蝙蝠利用回声定位在黑暗中寻路。它们先发出尖锐的叫声，当声音反弹回来时，再倾听回声，从而判断出周围的情况。果蝠用的则是它们那双可爱的大眼睛。它们可比自己的亲戚们大得多——金冠飞狐是体形最大的果蝠之一，其翼展能够达到 1.7 米！

1.7 米

奇幻生物的翅膀

许多真实的动物拥有翅膀，而故事中也有一些带翅膀的奇幻生物，比如飞马和火鸟。

究竟是什么……

有关凤凰的传说自古埃及时期便开始流传。据说，凤凰寿活千年后，便开始筑巢，接着引吭高歌，歌声绝妙，引得太阳驻足，侧耳倾听。火花自太阳坠落，将凤凰和它的巢点燃，可凤凰却能在灰烬中重生，再活千年。

根据中国的传说，龙担负着保护世界、带来吉祥的重任。它们是由不同动物的身体部位组成的，包括骆驼的头、蛇的身子以及鹰的爪子。神话中的应龙也长着翅膀。据说，它能控制雨水，尾巴一挥，便能阻止洪水泛滥。

珀伽索斯是古希腊神话中著名的飞马，被英雄柏勒洛丰捕获并驯服。他们一同飞向天空，跟一头名叫奇美拉的怪兽作战。这头怪兽一部分像狮子，一部分像山羊，一部分像蛇。后来，众神之王宙斯把飞马变成了北方天空中的一个星座——飞马座。

在欧洲皇宫以及城堡周围的雕刻和徽章上，经常能够看到狮鹫的身影。它们是一种鹰头狮身的生物——狮子被认为是百兽之王，鹰则是百鸟之王。

会飞的独角兽也被称为"天角兽"，我们所知道的最早的天角兽出现在约2500年前古亚述（今伊拉克一带）的雕刻上。

伊卡洛斯的飞行

在飞行器甚至风筝出现之前的很长一段时间里，人类就梦想能够飞翔，并编写了跟飞翔相关的故事。伊卡洛斯的故事最早在 2000 多年前的古希腊便开始流传。

小心，伊卡洛斯！你的翅膀是用**蜡**粘的！

伊卡洛斯的故事

很久很久以前，克里特岛的国王米诺斯因为要对付一头半牛半人的怪兽而大伤脑筋，这头怪兽叫作弥诺陶洛斯。米诺斯国王向一位名叫代达罗斯的发明家寻求帮助，代达罗斯为他建造了一座地下迷宫。这座迷宫设计得极其巧妙，任何人进去之后都会迷失方向。米诺斯国王将弥诺陶洛斯囚禁在了迷宫深处（但这就是另外一个故事了）。

为了保守有关这头怪兽的秘密，米诺斯国王把代达罗斯和他的儿子伊卡洛斯关在一座高塔里。伊卡洛斯慢慢长大，他越来越渴望逃离这里。于是，代达罗斯制订了一个逃跑计划：他用羽毛和蜡制作出两对翅膀，他和儿子将借助它们飞出高塔，重获自由。

翅膀做好后，代达罗斯警告伊卡洛斯：飞行时，不要太靠近大海，不然翅膀会被打湿；也不要太靠近太阳，因为蜡会熔化。但伊卡洛斯恢复自由后过于兴奋，飞得离太阳太近了。于是蜡被高温熔化，年轻的伊卡洛斯不幸坠海身亡。

时至今日，伊卡洛斯的故事仍在流传，并被呈现在世界各地的艺术作品中。这个故事之所以被长久铭记，是因为它时刻警示着人们：有雄心壮志没错，但也要小心谨慎！

21

人类起飞!

数千年来，人类始终对飞行充满向往——毕竟，鸟儿让飞行看起来如此简单。在飞机问世之前，为了能在空中翱翔，我们尝试了各种各样的方法。

就像古希腊神话中的代达罗斯一样，有些人制作了像鸟儿一样的翅膀，配上羽毛，把它们固定在手臂上，然后从高楼上跃下。这样做的结果很快就会呈现出来，而且往往是悲惨的。在这些渴望飞行的人当中，有一位生活在 11 世纪的修道士，他来自英国马姆斯伯里，名叫艾尔默。

你能做到的，艾尔默!

身兼艺术家、科学家等身份的全能天才列奥纳多·达·芬奇也对飞行很感兴趣。他画过 100 多张飞行器的设计图，但据我们所知，将这些飞行器投入实际应用的尝试均以失败告终。

对你们而言，这样做似乎很愚蠢，但你们见识过飞机，而我只见过鸟类、蝙蝠和昆虫！

这种做法与现代的翼装飞行差别不大。

在中国，早在公元前 400 年左右，人们就开始放风筝，此后的上千年间，人们不断尝试利用风筝实现飞行。其中有些人获得了成功，但事实证明，滑翔机显然是更理想的选择（在下一页我们会详细介绍滑翔机）。风筝还被用来测试风力大小、传递信息、测量距离，甚至单纯被作为一种娱乐工具。

1783 年，当第一个热气球升空时，人类首次成功地飞上了天空。但带有机翼的飞行器花费了更长的时间才顺利升空。

滑翔机

滑翔机跟热气球不同，它是最早的重于空气的航空器。滑翔机出现后，人类才真正实现了飞行的梦想。

1853 年，一位名叫乔治·凯利的发明家制造出第一架成功试飞的滑翔机。当时，凯利已经 79 岁了，因此，完成试飞的是他的一名家仆。凯利还是首位有现代飞机设计构想的发明家，可惜他最终没能制造出一架真正的飞机。他还发明了许多其他东西，比如履带和安全带。

我研究了乔治·凯利的著作，我俩都对鸟类有深入研究，这对我们制造滑翔机很有帮助。

19 世纪 90 年代，奥托·李林塔尔制造出更加高级的滑翔机。为了让它们顺利起飞，李林塔尔总是驾驶滑翔机从高处跃入风中——他甚至为此建造了一座人造山。他总共试飞过大约 2000 次。遗憾的是，他在一次飞行中遭遇了事故，最终不幸离世。

现代的悬挂式滑翔机跟奥托·李林塔尔的滑翔机更为相似——一个由简单的框架制成的大机翼，上面覆盖着织物。飞行员就悬挂在机翼下方的索具上，而且跟李林塔尔一样，他们会迎风冲下山坡，升空后则借助暖气流在高空飞行。

从外观上看，现在的滑翔机跟凯利或李林塔尔的滑翔机差别较大，但它们能够在空中飞行数小时，而不只是几分钟。它们必须由飞机牵引升空，或者用连接在汽车或绞车上的长缆绳拖曳升空。

双翼飞机

因为他们了不起的发明——双翼飞机，莱特
兄弟在世界历史的长河中声名赫赫。

自从儿时得到一架玩具直升机后，威尔伯·莱特和奥维尔·莱
特就一直在鼓捣些能够飞行的东西。到 1902 年，兄弟俩在这方
面已经积累了相当多的经验——他们试飞了一架可以操纵的滑
翔机，这是世界上第一架完全可控的飞行器。

这不是一只鸟！

但威尔伯和奥维尔有更伟大的计划——动力飞行。当时，
没有人能制造出足够轻便且动力足够强的发动机，因此，
他们只能自己动手。1903 年，在北卡罗来纳州的基蒂霍
克镇，兄弟俩完成了世界上首次重于空气的动力飞行。此
次飞行持续了 12 秒，飞行距离 36.5 米，但当天最长的一
次飞行持续了近 1 分钟，飞行距离 260 米。

威尔伯和奥维尔继续研制性能更出色的飞机。不久，飞机已经能够在空中任意俯冲甚至翻跟头了。几十年后，人类跨越大洋及大洲的时间从几周缩短到几天。莱特兄弟让世界变得比以往更"小"了。

机 翼

机翼被设计成这样的形状，是为了让其周围流过的空气将它们推上天空。莱特兄弟的"飞行者号"和早期的其他飞机都是双翼飞机，也就是有两副机翼。这样的设计使飞机拥有较大的机翼面积——早期的发动机动力不足，因此这样的设计非常有帮助——以及坚固的结构。

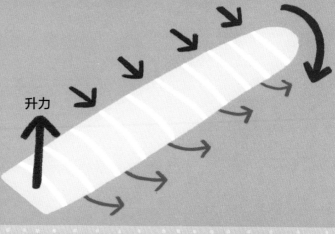

升力

从双翼飞机到超声速飞机

"我的飞机叫"圣路易斯精神号""

从威尔伯·莱特和奥维尔·莱特的双翼飞机，到今天计算机操控的超声速飞机，飞机的发展极其迅速。

20 世纪初叶，人们会举行飞行比赛，若有人能创造新的飞行纪录，就可以获得现金奖励。冠军得主中名气最大的是美国人查尔斯·林白，他在 1927 年成为首位单人无着陆飞越大西洋的飞行员。

20 世纪 40 年代末，第一架喷气式客机研制成功，并于 1952 年正式投入使用。当时，乘坐飞机还是一种不寻常的旅行方式。现在，每年都有数十亿人乘坐飞机。

1947 年，美国飞行员查克·耶格尔驾驶贝尔 X-1 火箭飞机，首次以超声速（速度超过声音的传播速度）飞行。当飞机以超声速飞行时，其周围空气的突变会产生巨大的噪声，这种噪声被称为"声爆"。

越**快**越好！

1939 年，世界上第一架喷气式飞机亨克尔 He-178 首次试飞。喷气发动机运行时，从前端吸入空气并将其压缩，压缩后的空气进入燃料室与燃料混合后被点燃，从而赋予飞机更大的动力，使飞机高速飞行。

每天起飞的航班超过 10 万班次！我们需要发明出更加环保的飞机……

目前，大多数客机及货机都是由机载计算机（又叫自动驾驶仪）来操控的。尽管如此，飞行员仍然需要负责起飞及着陆的环节，还要防范出现意外情况。

"协和"式飞机是一种超声速客机，1976 年投入运营，2003 年退役。它的飞行速度超过了每小时 2000 千米！

未来的飞机

飞机能为我们运载各种各样的东西，从度假的游客到冷冻的鱼。但大多数飞机都需要航空燃料才能飞行，这不仅带来了环境污染，也加速了全球变暖的进程。因此，我们需要找到更加环保的飞行方式。

太阳能飞机借助太阳给机载电池充电。2016 年，伯特兰·皮卡德与安德烈·博施博格驾驶着他们的"阳光动力 2 号"飞机，第一次以太阳能为动力完成了环球飞行。

美国国家航空航天局是致力于研制新型飞机——使用电动引擎，而不是航空燃料——的组织之一。尽管电动飞机已经问世了数十年之久，但事实证明，制造一架大型电动飞机还有很多难点。

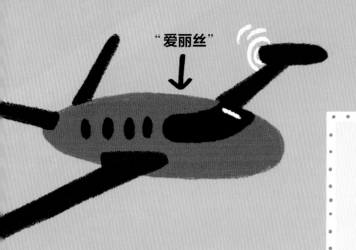

"爱丽丝"

翅膀能摆动的飞机

未来飞机的形状或许跟现在的大不相同，它们可以在空中飞得更快、更平稳。三角翼飞机的机翼平面形状像一个巨大的三角形。空中客车公司在英国研发的"信天翁一号"，拥有可以迎风摆动的翅膀。

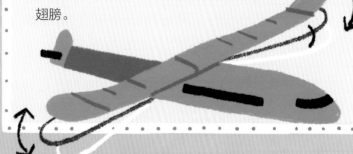

迄今为止最棒的电动飞机于 2019 年问世，名叫"爱丽丝"。它能搭载 9 名乘客，飞上约 1000 米的高空。电力驱动的飞机更适合短途飞行，跟现在的商用飞机相比，它的噪声更低，而且更加环保。有朝一日，你或许可以搭乘电动飞机上下班！

"阳光动力 2 号"的翼展长达 72 米，但重量只相当于一辆家用轿车！

↑

"阳光动力 2 号"

这对翅膀比我的还要神气！

31

直升机

直升机的机翼跟普通飞机的机翼、鸟类的翅膀以及蝙蝠的翅膀都不一样。这些旋转的机翼使直升机成为令人惊叹的"空中杂技演员"。

旋转的机翼意味着直升机极其灵活。它们能够垂直升降、盘旋、向前、向后，甚至侧向飞行，而且不需要跑道。

大多数现代直升机都有一个大的主旋翼和一个较小的尾旋翼。这种直升机由伊戈尔·西科斯基设计，并于 1939 年首次试飞。试飞过程也并非一帆风顺。

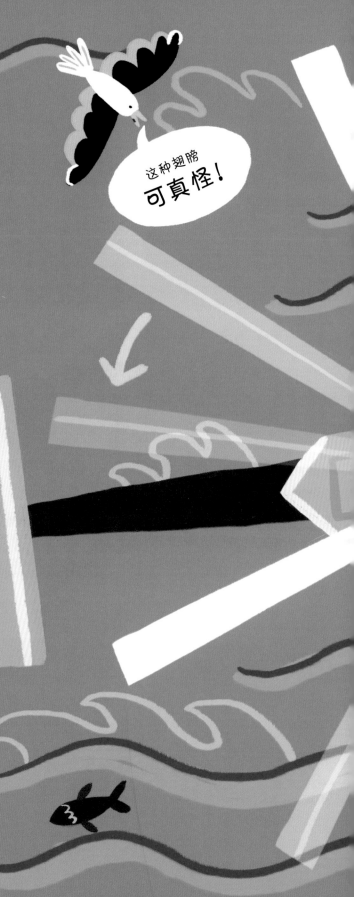

这种翅膀可真怪！

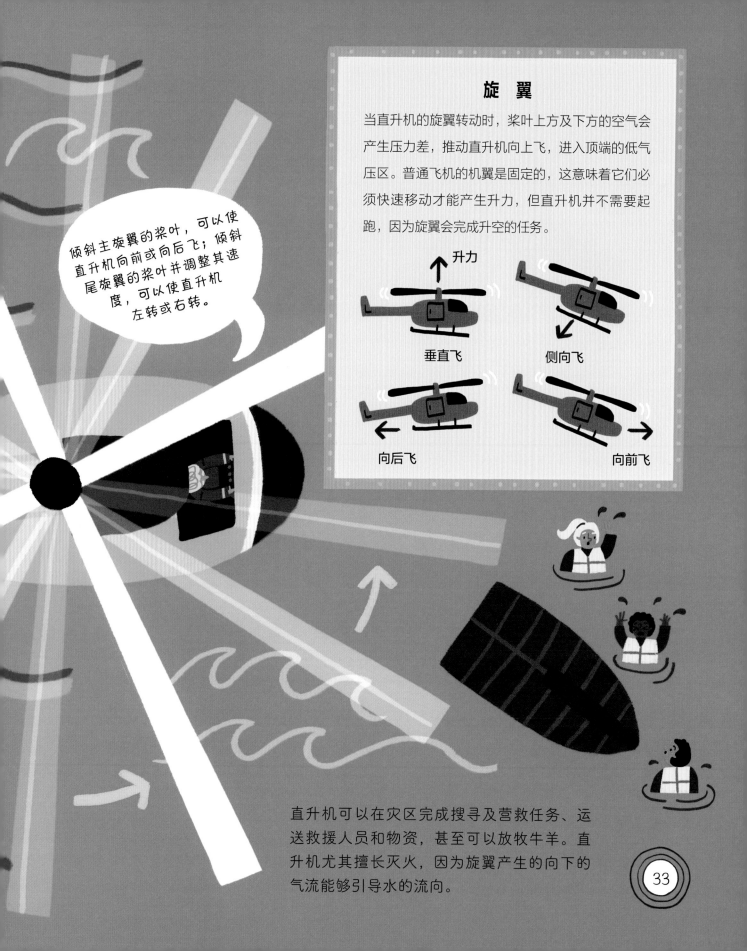

旋 翼

当直升机的旋翼转动时，桨叶上方及下方的空气会产生压力差，推动直升机向上飞，进入顶端的低气压区。普通飞机的机翼是固定的，这意味着它们必须快速移动才能产生升力，但直升机并不需要起跑，因为旋翼会完成升空的任务。

升力

垂直飞

侧向飞

向后飞

向前飞

倾斜主旋翼的桨叶，可以使直升机向前或向后飞；倾斜尾旋翼的桨叶并调整其速度，可以使直升机左转或右转。

直升机可以在灾区完成搜寻及营救任务、运送救援人员和物资，甚至可以放牧牛羊。直升机尤其擅长灭火，因为旋翼产生的向下的气流能够引导水的流向。

太空中的翅膀

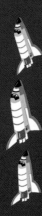

航天火箭能够在没有机翼的情况下冲出地球大气层，但世界上第一架可重复使用的航天器却拥有机翼，以便它能以超声速飞回地球。

航天飞机是最早的可重复使用的航天器。借助庞大的固体火箭助推器，它能够高速飞向太空，然后返回地球，并像滑翔机一样着陆。航天飞机将人造卫星、宇航员以及探测器送入太空，并往返于国际空间站。国际空间站就像一个围绕地球运行的大型科学实验室，它是在航天飞机的协助下建成的。

无翼火箭

机翼能够帮助飞行器在空中飞行。借助庞大的引擎，火箭能以最快的速度冲出大气层，进入太空。太空中没有空气，因此它们不需要机翼。

也有一些拥有机翼的航天器，就像下面这架。有朝一日，人们或许将付费乘坐这种航天器进入太空。也许你会搭乘其中一架前往月球，然后返回。

航天飞机的机翼很短，它们在起飞及太空航行中几乎起不到作用，只有在航天飞机以远超声速的极快速度降落时才能派上用场。因为无法自行起飞，航天飞机有时需要由飞机将它们驮运到发射场！

有翅膀，但不能飞

有些鸟拥有翅膀，但根本不会飞。这里介绍的都是一些不会飞的鸟类朋友。

鸵鸟是世界上最大的鸟类。

奇异鸟跟鸵鸟一样，都不会飞。但我们只有鸡那么大。

奇异鸟和鸮鹦鹉生活在新西兰的森林里，它们都是不会飞的夜行性鸟类。奇异鸟的翅膀只有大约2.5厘米长，完全隐藏在它的羽毛下面。鸮鹦鹉是鹦鹉的一种，它们能够拍打翅膀，但是飞不起来。

企鹅用翅膀来推动它们在水中前进。游泳速度最快的企鹅是巴布亚企鹅，时速最高可达 36 千米。

我们也有凶猛的一面，众所周知，我们能够杀死狮子！

因为体形庞大且笨重，鸵鸟无法飞翔，但它们在陆地上的冲刺速度却能够达到每小时 70 千米。在高速奔跑时，它们有时会借助翅膀减速或者转弯。

自从猫以及其他天敌被带到新西兰后，鸮鹦鹉的数量急剧减少。

不能飞的翅膀

这些鸟为什么不能飞？原因多种多样。鸟类需要足够大的翅膀，才能将整个身体的重量带入空中——鸵鸟和其他大型鸟类不能飞是因为它们太大了！企鹅在数千万年前就适应了游泳，而不是飞翔，因此，它们的翅膀更多起到了鳍的作用。对于奇异鸟和鸮鹦鹉这样的鸟类来说，缺少天敌意味着它们没有飞的必要，它们的翅膀因此逐渐失去了飞行的功能。

有时候，巴布亚企鹅会跳出水面，在水面上方短暂滑翔，看起来就像是在飞一样。

飞艇也是一种轻于空气的飞行器——它们大多使用氦气而不是热空气，而且能够搭载更多的乘客。

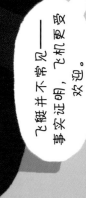

飞艇并不常见——事实证明，飞机更受欢迎。

我飞得可比这快多了！

没有翅膀，照样飞

有些东西根本没有翅膀，却能飞，或者至少看起来能飞。

热气球之所以能飞，是因为气球内部的热空气比外部的空气轻。第一个热气球是由蒙戈尔菲耶兄弟发明的，于1783年升空，载着一头羊、一只鸭子和一只公鸡！

蜜袋鼯是一种有袋动物，分布在澳大利亚、印度尼西亚以及巴布亚新几内亚。它们的前腿和后腿之间长着一层翼膜，借助这层翼膜，蜜袋鼯能够在树梢之间滑翔 50 米，甚至更远。它们其实不会飞，更像是控制着自己的身体，从一棵树落向另一棵树。

我们最爱吃的糖可以从花蜜、花粉以及树液中获取，但我们也吃蜘蛛和昆虫。

我们之所以能学会这种小技巧，主要是为了躲避那些想要吃掉我们的大鱼。

飞鱼生活在世界各地的温暖海域。它们也不是真的会飞，只是看上去好像会飞。它们在水下完成提速——时速能够达到 60 千米——然后让其流线型的身躯跃入空中。它们长长的胸鳍就像翅膀一样，使飞鱼能够跃出水面十几米高，滑翔距离则能达到 400 多米。

漂泊信天翁的翅膀

世界上现存的所有鸟类当中，翼展最大的要数漂泊信天翁。这些了不起的"飞行者"双翼翼尖之间的距离可以达到3米多。

漂泊信天翁大多数时间都在海面上乘风翱翔，很少落到地面上。它们总是在南大洋附近飞翔。据统计，它们一生飞行的距离能够达到惊人的850万千米。

飞机制造工程师们一直在研究信天翁的飞行方式。这些非凡的鸟儿是节能飞行的专家，能够帮助工程师们研制出更加高效的飞机。

漂泊信天翁在空中顺着气流滑翔。它们将巨大的翅膀倾斜着，让风推着它们越飞越高，然后朝着海面俯冲。它们很少需要扇动翅膀。

我吃鱼、乌贼以及贝类，喝海水，因此可以愉快地在海上生活。

漂泊信天翁每两年都会在繁殖期回到聚居地一次。它们要在那里跟伴侣团聚——一般来说，信天翁一生只有一个伴侣。雌性信天翁通常一次只产一枚蛋，信天翁夫妇轮流照顾它们的雏鸟。

现存的信天翁有二十多种。遗憾的是，所有信天翁都处于濒危或有濒危可能的状态，主要因为这种鸟儿总是被渔线缠住。我们只有不采用这种渔线捕获的鱼，才能真正帮助这些鸟类朋友。

← 7.3米 →

史上最大的翅膀

迄今为止，被发现的翼展最大的鸟类是桑氏伪齿鸟，它们生活在大约2500万年前。其翼展可达7.3米。

各种各样的鸟

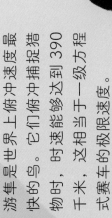

全世界至少有 1 万种鸟，实际上可能远远超过这个数字。它们的颜色、形态以及大小各不相同。这里介绍的都是世界上最令人惊叹的鸟类。

听起来难以置信，但普通雨燕能够连续在空中飞行整整 10 个月。它们从欧洲迁徙到非洲过冬，其中一部分雨燕在整个旅程中从不停歇。黎明及黄昏时分，它们飞得非常高，科学家认为，它们在平缓下降时会打个盹儿。

游隼是世界上俯冲速度最快的鸟。它们俯冲捕捉猎物时，时速能够达到 390 千米，这相当于一级方程式赛车的极限速度。

呼呼……

雄性吸蜜蜂鸟是世界上最小的鸟。它们的体长在 5.6 ~ 6.5 厘米，比蜜蜂大不了多少，翼展约有一颗葡萄的直径那么长。所有蜂鸟都必须以极快的速度扇动翅膀，才能停留在空中。

海鹦可以说是世界上最可爱的鸟类之一，而且还是游泳高手。它们能够潜到水下 60 米深的地方，拍打翅膀为自己提供动力，用带蹼的双脚来控制方向。跟漂泊信天翁不同，海鹦飞行时需要不断地拍打翅膀，甚至能够达到每分钟 400 次之多。

时间线

登上我们的超快时光机，迅速浏览翅膀的历史。

几亿年前

昆虫是地球上最早在空中飞翔的生物。

11 世纪

来自马姆斯伯里的修道士艾尔默，尝试用自制的翅膀飞行。

公元前 400 年左右

古代中国人开始放风筝。

1452—1519 年

科学家兼艺术家列奥纳多·达·芬奇绘制了 100 多张飞行器的设计图。

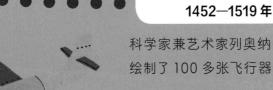
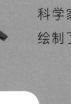

1947 年

查克·耶格尔驾驶贝尔 X-1 火箭飞机，以超声速飞行。

1939 年

世界上第一架喷气式飞机亨克尔 He-178 试飞成功。

1952 年

首架喷气式客机投入使用。

1969 年

超声速客机"协和"完成首次飞行。

2.25 亿年前

翼龙，这种会飞的爬行动物出现在地球上。

1.5 亿年前

始祖鸟，一种长有羽毛的肉食性恐龙出现，它们能够拍打翅膀飞行很短一段距离。

2000 多年前

古希腊开始流传伊卡洛斯的故事，这个男孩因为飞得离太阳太近，最终坠海身亡。

7000 万年前

那时候的鸟类与现在的鸟类已经很接近了。

1783 年

由蒙戈尔菲耶兄弟设计的第一个热气球升空。

1853 年

第一架滑翔机成功试飞，其设计者是发明家乔治·凯利。

1927 年

查尔斯·林白成为首位单人无着陆飞越大西羊的人。

1903 年

莱特兄弟完成了世界上首次重于空气的动力飞行。

1981 年

首架可重复使用的航天飞机升空。

2016 年

"阳光动力 2 号"成为首架完成环球飞行的太阳能飞机。

45